神奇的

答案之书

解析版

张权 / 著
梅森 / 原著

JM 吉林美术出版社 | 全国百佳图书出版单位

图书在版编目（CIP）数据

神奇的答案之书 ：解析版 / 张权著. -- 长春 ：吉林美术出版社，2024.1（2024.11 重印）
ISBN 978-7-5575-8725-3

Ⅰ. ①神… Ⅱ. ①张… Ⅲ. ①心理压力－心理调节－通俗读物 Ⅳ. ① B842.6-49

中国国家版本馆 CIP 数据核字（2024）第 039697 号

神奇的答案之书

著　　者　张　权
出 版 人　华　鹏
选题策划　任程民
责任编辑　邓　哲
装帧设计　肖国旺
内文排版　肖国旺
出版发行　吉林美术出版社
地　　址　长春市净月开发区福祉大路 5788 号
邮　　编　130021
电　　话　0431-81629561
网　　址　www.jlmspress.com
印　　刷　三河市骏杰印刷有限公司
版　　次　2024 年 1 月第 1 版
印　　次　2024 年 11 月第 2 次印刷
开　　本　720mm×1200mm　1/32
印　　张　16
书　　号　ISBN 978-7-5575-8725-3
定　　价　58.00 元

序言

困惑的时候，请打开本书！

面对生活和工作中的问题，你有没有迷茫的时候？如果我没猜错的话，你一定会常常陷入困惑，因为没有人是圣人，没有人可以未卜先知，没有人可以轻易猜透他人的想法。

其实，人人都是如此。大多数人的头脑里总有些问题需要回答，总有些纠结需要化解，总有些犹豫需要清除。可人呢，偏偏容易困惑，容易犹豫，容易怀疑，容易纠结，容易郁闷。每到这个时候，很多人无所适从，干脆抛硬币来求慰藉，将烦恼化繁为简。

亲爱的朋友，无论如何，当迷茫让你感到无所适从，或当你觉得一切该抛个硬币来解惑的时候，你来到这里，是一个正确的选择。在这里，你将获得心灵的指引和暖心的慰藉。

本书是一本心灵治愈系神奇解惑书，可被视为“人生的指南针”。该书中的每一页上都有作者精心准备的或神秘、或有趣的答案。当你感到困惑，或心中的问题难以被解答的时候，请翻开本书。在书中，你将会找到一个让你瞬间顿悟的答案。

更重要的是，本书不仅能为你解除心中的困惑，帮助你厘清头绪，还能让你获得压力的释放。很多时候，陷入困惑的人们并不需要太多解释，而只需要一个贴心的回应。这里的答案完全能带给你心灵的慰藉，让你释放内心，心情舒畅！

当然，如果你只是为了获得快乐，本书依然可以满足你。这本书就是有这样的魔力：你的问题越有趣，它给出的答案就越有趣！不信就来试一试吧。

寻求更多的选择

解 析

找对方法，看准方向。有时候选择比努力更重要。

不

解 析

坚定内心已经认定的想法，相信自己，不要动摇。

别忽视显而易见的东西

解 析

显而易见的东西里往往蕴藏着解决问题的方法。当你遇到疑惑的时候，不妨注意一下那些东西。

这可能会让你付出代价

解 析

有舍才有得，代价在所难免。想好了再做决定。

结果可能令人吃惊

解 析

在一切尘埃落定之前，不要做过多猜测。谋事在人，成事在天。

有决心就能成功

解 析

坚持的力量往往能创造奇迹，有决心就能争取到更多更好的结果。

你的行动会使一切得到改善

解 析

与其焦虑与担忧，不如用行动打破
心灵的桎梏，改善当下的处境。

做一次改变

解 析

改变蕴含着新生、新的方式、新的心情。凡事不破不立。

照别人告诉你的去做

解 析

不识庐山真面目，只缘身在此山中。当局者难以看清势态，不妨按照别人的意见去做。

10

不能保证

解 析

硬币在落地前谁也不知道会是哪面朝上。

答案可能会以另一种形式出现

解 析

过于专注一处，眼睛会受到蒙蔽。
答案就在不远处，只是换一种方式
告诉你而已。

毫无疑问

解 析

不用质疑，你心中的想法即是答案。

这样做会使事情变得有趣

解 析

换一种不同寻常的方式去做，能收到意想不到的惊喜。一切将朝着更有趣的方向发展。

这是肯定的

解 析

无论如何，这都不该被怀疑。

有可能会伤害到他人

解 析

不能只想到自己，还有人会为这件事而难过。

全身心投入将赢得好结果

解 析

有时候孤注一掷也是一种勇气。想要抓住机遇，就要全身心地投入。

那只会浪费钱

解 析

大可不必，行动只会浪费钱，没有任何益处。

采取冒险的态度

解 析

既然没有更好的办法，那就大胆地去试一试，因为冒险伴随着更多的可能性。

最好等待

解 析

不要急，先观望观望，等待也是一种行动。

本页前第三个答案

那超出了你的控制

解 析

事情远没有你想的那么简单，贸然行动会让事情失控。

可能会惹上麻烦

解 析

重要的不是决定，而是决定后带来的影响。

你需要采取主动

解 析

只有主动争取，才能将不可能的事变为可能。被动只会错失良机，主动才会有结果。

似乎没问题

解 析

十有八九不会出问题，不会有什么大的影响。但也要小心为上。

不要在意

解 析

人生总有不如意的事，不要在意这件事。等时间过去了，它不过是一件小事。

尽早做好它

解 析

不要拖，尽早完成它，时间很珍贵。

你终会发现你想知道的一切

解 析

你想知道的正在路上，很快就能
得到答案。耐心等待即可。

除非你独自一人

解 析

有时候一个人的效率反而更高。

是，但不要强求

解 析

强求到最后，伤的是自己。

你需要去适应

解 析

没有谁一开始就能做好，适应的
过程就是不断地打怪升级。

明天再来试试

解 析

今天不宜多思考，时机不对，所以明天再来一次。

以更放松的态度去面对

解 析

患得患失会让人焦虑，放平心态才能从容面对。豁达与乐观是人生的必修课。

你需要考虑其他方法

解 析

条条大路通罗马，但偏偏这条路
比较难抵达，所以换一条路吧。

在习惯中接受一些改变

解 析

世界是运动的，宇宙是变换的，
习惯也是可以改变的。

要知道选择太多和太少一样很难

解 析

选择出现的那一刻起，就注定这件事不是件容易的事。无法做抉择的时候，不妨先放一放。

别浪费时间了

解 析

种一棵树最好的时间是十年前，其次是现在。动起来，现在开始也不晚。

是

解 析

这是你内心深处最坦诚的想法。

花更多时间来决定

解 析

三思而后行，深思熟虑。这件事应该再思考思考。

当然

解 析

喜欢就去做，人生需要一些快乐。

灵活应对

解 析

树挪死，人挪活。见机行事，这件事没有标准答案。

似乎已成事实

解 析

不用费心去想无法改变的事，不要抱有侥幸心理。

看开一点

解 析

人生不是永远地一帆风顺，要允许意外的发生。

问问你的异性同事

解 析

男女看待问题的视角不同。换个异性来看这件事，答案也许会不一样。

柳暗花明又一村

解 析

曲折在前进道路上是必不可少的，
美好的事物正在向你靠近。

你会后悔的

解 析

人总是会懊悔一些做过的决定，譬如过去的某个人，譬如将来的你。

避免第一个解决办法

解 析

冷静，第一个解决办法存在一些问题，再想想别的对策。

随它去吧

解 析

无所谓，这件事不重要。

过段时间就不那么重要了

解 析

更美的风景在后头，不要因当前的风景而裹足不前。

拭目以待

解 析

不急于这一时，时间会给出答案。

相信你最初的想法

解 析

相信你的直觉，有些事冥冥之中已注定。

请不要抗拒

解 析

洪流不可逆，白驹不可催，不要抗拒已到来的事物。

这会带来好运

解 析

好运和爱会降临到你身边，尽情享受吧。

那一定很棒

解 析

为你喝彩！这是你应得的，尽情享受吧。

把它记下来

解 析

记忆容易被遗忘，文字则会长久被保存。

不要迫于压力草率行事

解 析

磨刀不误砍柴工，草率行事会打乱接下来的节奏。

可能发生小意外

解 析

好事多磨，可能会出现一些小插曲，重要的是不要放弃。

研究并享受它

解 析

当你全身心地研究它时，就能品出它的滋味。懂得享受的人生才是幸福的。

这具有重要意义

解 析

因为这件事，命运在此刻有了不同的运转方式。

59

防备意外发生

解 析

做两手准备，以备不时之需。

一切将依赖于你的选择

解 析

选择至关重要，因为不同的选择将通往不同的道路。

转移注意力

解 析

暂停思考，伸出双手，感受一下
窗外的风。

离开

解 析

你所处的位置并不适合你，离开是最好的选择。

你需要其他人的帮助

解 析

这件事一个人是无法完成的，试试寻求身边人的帮助。

这有些特别

解 析

不得不说，这和以往很不同，但
这恰恰是它的魅力所在。

不要犹豫

解 析

人生需要一些激情和活力，大胆地往前冲！

66

先完成其他事

解 析

这件事时机未到，可以先做其他的事。

67

给自己一点时间

解 析

多给自己一点时间，不急，慢慢来，你需要的是成长。

现在你就能

解 析

你也许还没发现自己的能力比想象中的更厉害，现在的你完全有能力去做这件事。

那不值得纠结

解 析

二选一很痛苦。有时候正确答案就摆在你面前，你需要的是拿出勇气去抉择。

那将影响别人对你的看法

解 析

你能做到不在乎别人的眼光吗？
如果能，那就继续；如果不能，
那就停下。

你会失望的

解 析

虽然会很痛苦，但是失望在所难免。人生就是喜怒参半的旅程。

本页后第四个答案

最好关注你的工作

解 析

不要再想这些事情了。好好工作，
工作会给你回报的。

形势尚不明朗

解 析

目前来看，没有什么准确的信息能给到你。你需要掌握更多的信息。

不要抱成见

解 析

存在有存在的道理，不要对某些事情或人抱持偏见。放下偏见，才能有所建树。

你必须现在就行动

解 析

行动会创造价值，什么都不做
只会原地踏步。

那可能很难，但值得

解 析

挑战有难度的事情才会更有成就感。过程很辛苦，但结果值得。

付出就会有回报

解 析

走的每一步路都算数，流过的汗水会浇灌出希望的种子。

对意外要有思想准备

解 析

人无法掌控一切事物，意外总是会出现。你还没有做好接受的准备，你需要赶紧做最坏的打算。

更细心地去倾听，你就会知道

解 析

做一个聆听者，听见除自己以外
的声音，你将会获知更隐秘的
答案。

且行且思

解 析

思考一下，看看问题出在哪里，
解决问题，就能得到你想要的。

你有能力以任何方式改善

解 析

相信自己的能力是可以解决问题的，只有相信自己，才会有所改善。你可以的！

这是你不会忘记的事物

解 析

有些事情将伴随你一生，你需要做的是放下执念。

履行你的义务

解 析

每个人身上都有责任，你应该去
做你应做的事。

快刀斩乱麻

解 析

当机立断是现在最好的方法。

别在这上面下赌注

解 析

这不是件能赌赢的事，不要寄希望于少得可怜的运气，把精力放在努力上。

也许吧

解 析

说不准的事，存在一定的可能性。

专注于你的家庭生活

解 析

亲人永远是最重要的，让家人给你补充点能量吧！

绝对不

解 析

可以很肯定地说，这件事完全不会有回旋的余地。

别犯傻了

解 析

明知是错的，却还一往无前，这是自欺欺人。

表示怀疑

解 析

明眼人都知道这件事还得另说，
不要自我欺骗。

意义非凡

解 析

是你赋予了它价值。因为在意它，
所以它才有了重要的意义。

不可能失败

解 析

拨开云雾见明月，这件事对你来
说很简单，一定可以做好。

你需要了解更多

解 析

掌握的信息越多，事情处理起来才会更得心应手。

情况很快会有变化

解 析

用不了多久，转机就会出现。

本页后第二个答案

顺其自然

解 析

万物有它运行的规律，不需要过
多的干涉。

问问你最好的朋友

解 析

好朋友非常了解你，他们会给你最诚恳的意见。

这时不要再自找麻烦

解 析

见好就收，凡事过犹不及。再多做一分，麻烦就会来临。

晚一点处理

解 析

先做别的事，这件事可以往后放。

尝试一种更可能的解决方案

解 析

为了确保尽可能的成功，不妨试试更有把握的方案，增加成功的概率。

本页前第二个答案

先做重要的事儿

解 析

遇到难题先绕开，回过头再来处理，事情可能会变得更容易。

投硬币来做决定吧

解 析

交给概率来定夺，命运会眷顾你的。

这也取决于另一种情况

解 析

影响结果的因素是多样的，你须要全面思考问题。

你最终能如愿

解 析

风雨都已过去，你的坚持会有一个好的结果，彩虹就在山巅之上。

可行

解 析

只要你想就可以。问题是你真的想那样做吗？

答案就在你家窗外

解 析

看看外面的世界，一切答案都在风中，去大自然中获得启发吧。

现在你比以往任何时候都清楚

解 析

走到现在这一步，你明白了你经历过什么，所以你自然也明白了当下的情况。

只需说声“谢谢”

解 析

接受别人的好意是一种尊重他人的表现，有时候一声“谢谢”就能解决你的困扰。

或许，等你再年长些就明白了

解 析

人生的深度是靠阅历堆积起来的。再过几年，你的心境会完全不一样。

这将轰动一时

解 析

这是一次关于勇气的考验，你这么做会吸引到更多的目光。

放手一搏

解 析

本就没有什么可以失去的，不如拼一拼为自己搏个出路。

事情会朝目标发展

解 析

一切都很顺利，接下来会是难得的好结果，前提是你要继续保持现状。

需要做更多的努力

解 析

还差一点，加把劲就能达到胜利的彼岸。

等待一个更好的机会

解 析

等待一个合适的时机比现在拼尽全力更有用，时机总会到来。请耐心等待。

数到5，再试一次

解 析

命运正在打盹，这次不算。默念5秒钟，再翻开这本书。

你不得不妥协

解 析

不做无谓的抵抗。抵抗越久越
浪费时间。当下妥协是最好的
办法。

很快就能解决

解 析

现在的担忧只是暂时的，这件事很快就会结束，你会得到满意的答案。

十分确定

解 析

真的！真的！真的！连说三个真的，那就一定是真的！

本页前第一个答案

这还不确定

解 析

答案还需斟酌，想要得到称心的结果还须在之前的基础上再多多努力。

谨慎处理

解 析

认真做决定，把能预想到的结果都想一遍，再考虑要不要继续之前的决定。

全力以赴

解 析

不给自己留后路，只管按照内心的计划去做就行。

重新考虑你的做法

解 析

这个做法不可行，想想还有没有
别的出路。

问问你的母亲吧

解 析

妈妈是最疼爱你的人，她知道怎么做才是你的最优解。

如果你独自一人就不要做

解 析

找一个人来分担你的风险。两个人一起的话，实现目标的概率会更大。

无须担忧

解 析

叮！结果已经出炉，可以不用再担心了。

保持开放的心态

解 析

敞开心胸，包容一切可能会出现的结果，这样才能让自己多些快乐。

你会为自己所做的感到高兴

解 析

这是一件令人期待的事。完成它，
你将会收获前所未有的喜悦。

发挥你的想象力

解 析

你的想象力非常独具一格，你需要做的是发挥它的长处。

献出你的一切

解 析

用奉献的心态去帮助他人，既为他们解决了问题，又促进了自己的成长。

顺从你的意愿

解 析

反正纠结到最后还是会不满意，
不如就照你的想法行事。

先做好自己的事

解 析

先把自己的事解决了再去帮助别人，不然连帮忙的能力都没有。

不要怀疑

解 析

吃颗定心丸，这件事不会有任何纰漏。这都是你之前的认真仔细带来的结果。

是时候做新打算了

解 析

离开舒适区，短暂的痛苦之后将会是全新的一切。

省省力气吧

解 析

与其挣扎，不如就此放下。节省
精力，投放到其他领域。

合作将是关键

解 析

人多力量大。如果不能合作，此事很难成。想想该怎么和他人合作吧。

此时不宜

解 析

时机不对，现在还不是时候，再等两天。

莫等待

解 析

花开堪折直须折，莫待无花空折枝。

本页后第三个答案

你可能不得不放弃其他的东西

解 析

没有十全十美的办法，选择了一样，就必定会失去另一样。

遵守规则

解 析

规则的制定是为了规范每个人的行为，保证事情顺利进行。

相关问题可能会出现

解 析

当你考虑这件事时，隐藏在背后的问题也要考虑进去。

事情将遂你心意

解 析

事情会照你想的那样发生，你要做的是继续保持现状。

赌一把

解 析

人力不可主宰的事，也许运气可以。

结果是乐观的

解 析

这个结果是非常不容易的。恭喜你将会得到想要的结果，请珍惜它。

期待解决

解 析

你需要自己想办法解决这件事。

注意细节

解 析

细节决定成败。注意细节透露出的信息，这能帮到你。

答案就在公园里

解 析

看着形形色色的人和优美的风景，人生的一些疑问会在此得到解答。

清除你自身的障碍

解 析

除去枷锁，学会修身，才能有更多的精力去应对外界的挑战。

这是不明智的

解 析

不要冲动行事，非理智情况下做出的决定是不明智的。

将需要大量的努力

解 析

这件事很难一次性完成。别灰心，再继续努力就好了。

不要勉强自己

解 析

遵从内心的选择，每个人都有自己的生活方式。

享受这次体验

解 析

人生重在看过许多道不同的风景，这次体验正是其中的一道，享受它吧。

要付出坚持不懈的努力

解 析

同样是去往山顶，有些人半路就放弃了，而你坚持到了山顶，那么美丽的日出将会属于你一人。

那仍旧无法预测

解 析

是与不是，抑或能否成功，以目前的情况来看，无法预测。关键在于提升自我，答案就会明朗。

只做这一次

解 析

人都有犯错的时候，犯一次错可以被原谅，但仅限这一次。

做些改变

解 析

一成不变是单调的，改变能为你的
生活注入新的活力。

不要陷入到情绪之中

解 析

人可以有情绪，但不能被情绪绑架。负面情绪对身体和心灵都有很大的伤害。

采纳智者的建议

解 析

智者的处世之道能为你的决定提供建设性的意见，问问身边有经验的老人们。

列出否定的理由

解 析

如果你经过思考后，列出否定的理由仍然肯定时，那就证明它真的该被肯定。

要有耐心

解 析

一步一步慢慢来才能将事情做好，赶时间完成的事到最后很有可能要重来。

一笑置之

解 析

就当是个玩笑话，笑一笑就忘了吧。

继续

解 析

现在所做的事是正确的，相信自己的判断，继续吧。

别忘记享受乐趣

解 析

人生偶尔需要用一些乐趣来奖励自己，享受完再继续也不迟。

为了做出最好的决定，务必保持冷静

解 析

权衡再三才能做出理智的决定，
冷静是思考的利器。事情不急于
一时，考虑周全再做行动。

尝试一个更没把握的方法

解 析

众多方法不好选择，你可以尝试一个更没把握的方法，也许这才是最好的方法。

不要妄下赌注

解 析

赌注所带来的输赢是无法预料的。
如果输不起，那就别轻易下注。

那可能已无法改变

解 析

并不是谁的问题，无法改变的人或事注定会按照其自身的方式发展下去。

一些援助能确保你成功

解析

有人相助会事半功倍，所以不要拒绝别人的帮助。互帮互助才能共同解决许多棘手的问题。

你肯定会获得支持

解 析

爱你的人很多。当你做出决定时，
他们都会支持你。

当局者迷

解 析

身处漩涡中心是看不到旋涡的全部样貌的，只有站在旋涡之外才可以。

无论你怎么做，结果依旧

解 析

事情的决定权不在你这，现在做
再多都于事无补。

先主后次

解 析

重要的事情在价值排序中占位靠前，要优先处理首要的事，然后再处理其次重要的。

极可能发生变故

解 析

这件事还没最终确定下来，中间很有可能出现新的问题。

本页后第一个答案

带着好奇心去探索

解 析

好奇心是人类探索世界的动力，保持对事物的好奇心，你会收获很多意想不到的礼物。

列出这样做的理由

解 析

列出理由是为了更好地说服自己。如果连这样做的理由都没有，那将变得毫无意义。

马上停下来

解 析

暂停一下，给自己一个缓冲和思考的时间。

不要告诉别人

解 析

有些事情是自己的秘密，说出去了会有不好的结果。

那将是一件乐事

解 析

这件事会带给你非常大的喜悦。
只要完成它，生活就会开启一个
新的阶段。

列出理由

解 析

列出不得不做的理由，看看是否能说服自己去做。

放弃之前的想法

解 析

之前的想法无法应对现在的情况，
要用发展的眼光看问题。

你不会忘记这些

解 析

有些人或事在你心里占据着很重要的位置，一时间是无法忘记的。

放弃你现在的想法

解 析

你脑海里现在萦绕的那个想法，
并不是一个好主意。

有理由保持乐观

解 析

一时的困难并不能打败你，生活需要多点甜。保持乐观，这样的心态才能走得更远。

你会发现自己难以妥协

解 析

妥协不在你的考虑范围之内。要是能妥协的话，一开始就不会为之做出努力了。

改变不会很快发生

解 析

改变需要很多因素去促成，短期
内不会发生什么改变。

有些障碍需要克服

解 析

在事情结束或目标达成前，还有些未注意到的障碍需要克服。问问他人，看看还有什么障碍。

果断放弃

解 析

现在放弃可以及时止损，深陷其中只会越来越难以脱身。

要做就做好，否则就不要去做

解 析

一旦开始就不要轻言放弃，努力做到最好，否则就不要开始。

193

深表怀疑

解 析

事情似乎不像看上去的那样，背后一定还有秘密。

最好的解决方法可能不太明显

解 析

办法往往就在身边，只是不明显而已，需要用心去发现。

看看会发生什么

解 析

这件事不会产生负面影响，不如看看接下来会发生什么有趣的事。

你需要更多信息

解 析

如果拓宽信息渠道，了解更多信息，行动就会更有胜算。

开阔视野

解 析

山外有山，人外有人。世界这么大，视野很重要。你需要一次长途旅行。

看得更清楚些

解 析

站在多个角度看问题，这样能看得更清楚些。

结果可能会令人震惊

解 析

没人能猜中结局，结果也许是出人意料的。

节省你的精力吧

解 析

人的精力有限，把它用在更有意义的事情上吧。

管它呢

解 析

没什么大不了的，以后再说。当下开心最重要。

那将引起一些纷争

解 析

这件事触及到了双方的权益，争吵将不可避免。

相关问题可能会浮出水面

解 析

这件事连带着的其他问题可能会一一出现，答案很快会揭晓。

遵循其他人的建议

解 析

有时候人的思维容易受到既有经验的局限，这件事更适合采纳他人的建议来做。

值得付出努力

解 析

过程比结果更有意义，因为它证明了你的决心和行动力。去争取你想要的，并为之付出最大的努力吧！

负起责任来

解 析

人是处在各种复杂的关系之中的，
每个人都要担负起自己的责任。

不值得一争

解 析

放手是一种洒脱，不重要的东西
可以任它离开。

问问你的父亲吧

解 析

或许父亲也在等着你去和他谈谈，
他会乐意告诉你答案的。

向别人倾诉

解 析

情绪需要得到宣泄，可以把心中的困惑和别人诉说诉说。

看来还行

解 析

这比你预想的还要好，是你将期望放得太低了。

等待一个更好的提议

解 析

心急吃不了热豆腐，等待用更好的提议来解决问题吧。

你可能会遭遇反对

解 析

现下可能不是执行这件事的最佳时机。如果你选择这么做，那么将会遭到反对。

告诉某人那对你意味着什么

解 析

要勇敢地表达自己的真实想法，
有效的沟通须要坦诚地说出内心
的感受。

把这看作一个时机

解 析

聪明的人会抓住机会迎难而上，
你是个聪明的人。

你一定得这么做

解 析

这是非做不可的，不然你会留下遗憾。

享受这个过程

解 析

结局往往是落幕之前的征兆，过程才最值得回味。

不识庐山真面目，只缘身在此山中

解 析

凡事只要身陷其中，就势必会受到视野的影响。

不要勉强自己

解 析

与其勉强自己，不如顺着自己的本意去行事，这样才能成为更好的自己。

等待

解 析

等待有时候是艰难的，克服急躁的心情是当下最需要做的。

本页前第三个答案

最好的解决方法可能并不明显

解 析

大风起于青萍之末。不在意的小细节，往往蕴藏着很大的能量。

问问你的父亲吧

解　析

拥有人生经验的父亲能给你更好的答案。不想当面问的话，可以给他打个电话。

那一定很棒

解 析

相信自己的直觉，这一次好的因素站在你这一边。你去做，就能得到好的结果。

你可能不得不放弃一些东西

解 析

放弃意味着痛苦。经历了痛苦，才能成为更好的自己。所以该放弃的时候，不要犹豫。

你不会失望的

解 析

你的期望一定会实现的！你只需要按照你的想法做下去。

是该走的时候了

解 析

命运在预示你，即将进入下一阶段。

先做好自己的事

解 析

把眼前的事情做好了，把自己的事情完成了，你期望的结果就会出现。

列出否定的理由

解 析

否定的理由列出来才能从全局去观察，到底要不要放弃这件事。在你列出这些理由的时候，答案就已经有了。

你需要考虑其他方法

解 析

这个办法很难帮你完成你想要完成的事情，你需要另辟蹊径。考虑一下其他方法吧。

值得付出努力

解 析

值得努力的事情很多，这件事尤其是，不要怀疑它的价值。

这肯定会使事情变得有趣

解 析

事情越来越有趣了，前提是你要做出改变，接受已经到来的事实。

欣然接受

解 析

如果无法拒绝，那就欣然接受，
不用纠结太多。

遵循其他人的意见

解 析

听听旁人的意见没有坏处。你不一定全部都要按照其他人的意思去做，听取一部分也是好的。

做一次改变

解 析

一成不变的日子太久了，才导致出现了这样的问题。现在就是做出改变的最佳时机。

说出来吧

解 析

压在心底的事会让你喘不过气来，说出来的后果其实没有你想的那么糟糕。

投硬币来做决定吧

解 析

把选择权交给概率。很多时候，事情怎么做不重要，重要的是去做。

先主后次

解 析

凡事有先来后到。梳理清楚先后顺序，按照先后顺序去做就好了。

慷慨大度些

解 析

善良和温柔也有强大的力量，不要计较一些细枝末节的东西。

只需说声“谢谢”

解 析

不要再纠结了，简简单单感谢对方就是最好的方式。

重新考虑下你的方法

解 析

你的方法有些想当然，但是也并不是没有可取之处。你需要再从头到尾斟酌一遍。

你必须随机应变

解 析

提前想好的过程不可能出现，事情会忽然发生变化。你需要做好随时改变的心理准备。

采取冒险的态度

解 析

之前积累的已经很多了，是时候突破了。突破意味着需要承担风险。

你可能遭遇反对

解 析

你遭遇反对的概率取决于你的态度，你需要摆正自己的态度。

你不要抗拒

解 析

这件事对你有益，尝试接受它，
不要抗拒。

放弃之前的打算

解 析

事实证明，之前的打算是不切实际的。如果还按照之前的打算行事，会诸事不顺。

有障碍需要克服

解 析

世上无难事，只怕有心人。障碍看似强大，但只要笃定了心思去克服，就可以稳操胜券。

做出改变

解 析

事情永远在起变化。不改变的人把握不住当下，也就无法成就未来。

无法保证

解 析

唯一能确定的事情就是什么都不能确定。不要在意结果，反而能获得一个较好的结果。

算了吧

解 析

不必在意这一时的输赢。

合作是关键

解 析

分工做好各自的事情，然后整合在一起，目标就能达成。

把这看作一次机会

解 析

你不得不郑重地考虑一个问题：这是不是你此生仅有的机会？如果是，那就全力以赴！

别再犹豫了

解 析

果断才能拿下，犹豫只会败北。

保守秘密

解 析

让这个秘密留在心底吧，不要和
任何人说。